에너지를 뚝딱뚝딱
해돋이 마을

글 이은주

서울예술대학 극작과를 졸업했습니다. 동화의 매력에 빠져 한겨레 아동문학작가학교를 수료하고 '파란달'이라는 동화 모임에서 창작에 힘쓰고 있습니다. 늘 호기심 가득한 눈으로 세상을 바라보느라 엉뚱하고 유별날 때가 많습니다. 아이들에게 선물 보따리 같은 놀라운 이야기를 들려주는 게 꿈입니다.

그림 김해민

광고를 전공하고 책을 만들다가, 지금은 동화를 쓰고 그림을 그리며 떠돌아다니고 있습니다. 주로 피니(pini: 소나무)라는 이름으로 활동하며, 언젠가 바다가 보이는 작은 마을에 뿌리내려 행복하게 사는 꿈을 품고 있습니다. 작은 마을에 정착할 수 있는 그날까지 그리고, 쓰고, 만드는 일을 계속하려 합니다.

에너지를 뚝딱뚝딱 해돋이 마을

© 이은주, 김해민, 2015

초판 1쇄 발행일 2015년 3월 23일
초판 2쇄 발행일 2017년 11월 16일

글 이은주 | 그림 김해민
기획 곽영미
펴낸이 김경미
편집 강준선
디자인 김해민, 이둘잎
마케팅 김봉우
펴낸곳 숨쉬는책공장
종이 영은페이퍼(주)
인쇄&제본 ㈜상지사P&B

등록번호 제2014-000031호
주소 서울시 마포구 잔다리로 110, 102호(04002)
전화 070-8833-3170 팩스 02-3144-3109
전자우편 sumbook2014@gmail.com

ISBN 979-11-86452-00-4 04400

숨쉬는책공장 과학아이 시리즈는 우리를 둘러싼 자연환경을 멀리 그리고 가까이 살펴봄으로써,
자연을 사랑하는 마음을 기르고 창의력을 키우도록 돕는 그림책 시리즈입니다.

에너지를 뚝딱뚝딱 해돋이 마을

글 이은주 * 그림 김해민 * 기획 곽영미

숨쉬는
책공장

엘리베이터가 '붕' 소리를 내며 올라갔어요.
밤경치를 구경하며 올라가는데 갑자기 엘리베이터가
'쿵' 하고 멈추더니 불이 꺼졌어요.
"이럴 수가! 대정전이야."
아빠가 소리를 질렀어요. 밖은 무척이나 캄캄했어요.
차끼리 부딪쳐 '쾅' 하는 소리도 났고요.

아빠가 더듬거리며 비상 호출 버튼*을 눌렀어요.
그 순간 저 멀리서 희미한 불빛이 반짝였어요.
"아빠, 저긴 어디예요?"
내가 물었어요.
아빠도 엄마도 불빛이 반짝이는 곳이 어디인지
몹시 궁금해했어요.

★ 정전으로 엘리베이터가 멈추거나 실내등이 꺼지면
비상 호출 버튼을 눌러 연락을 해야 해요.

아빠가 함께 일하는 신문 기자들에게 전화했어요.

"저곳이 에너지 자립마을인 해돋이 마을이라고? 오! 취재할 거리가 많겠군.

내일 아침에 바로 가야겠어. 민우야, 너도 같이 갈래?"

아빠가 흥분해서 말했어요.

"네. 좋아요."

왠지 따라가면 재미있을 것 같았어요.

그때였어요. 엘리베이터 문밖에서 웅성대는 소리가 났어요.

그러더니 문이 '덜컹' 열리며 119 구조대원*이 나타났어요.

하마터면 정말 큰일 날 뻔 했어요.

★ 엘리베이터 출입문을 강제로 열면
사고가 날 위험이 있어요.
엘리베이터에 갇혔을 때에는
전문가와 119 구조대를 기다려야 해요.

'치! 이게 뭐야?'

막상 도착한 해돋이 마을은 별 볼 일이 없었어요.

번쩍이는 태양광 발전기도 없고, 거대한 풍력 발전기도 없었어요.

그러다가 흙바람이 '휙' 불어왔어요.

눈을 감았다가 떴는데, 빨간 내복★을 입은 아저씨가

내 앞으로 달려 나왔어요.

체감 온도 3도를 올리는 내복

"헉!"

나는 깜짝 놀라 아빠 뒤로 숨고 말았어요.

그런데 빨간 내복 아저씨는 나를 지나 건너편 가게 쪽으로 뛰어갔어요.

이리 왔다가 저리 갔다가 빨간 내복 아저씨는 마치 다리에 모터를 단 것 같았어요.

그러더니 어디론가로 사라졌어요. 정말 이상한 아저씨였어요.

★ 내복을 입으면 몸으로 느끼는 온도가 3℃, 양말은 0.6℃, 털실로 짠 스웨터를 입으면 2.2℃,
무릎 담요를 덮으면 2.5℃가 올라가요. 몸으로 느끼는 온도가 오르면 겨울철 난방비의 20%를 줄일 수 있어요.

아빠와 함께 도서관으로 갔더니 입구 앞에 서 있던 수염이 덥수룩한 아저씨가 물었어요.

"어떻게 오셨나요?"

"저는 신문 기자 송 특보 기자라고 합니다. 관장님을 만나러 왔는데요."

"아, 어서 오세요. 제가 관장이에요."

털보 관장님은 아빠와 반갑게 악수를 했어요.

"안녕하세요."

내가 인사하자 털보 관장님이 군고구마 한 개를 줬어요.

"관장님, 어제 대정전이 일어났을 때 해돋이 마을만 환했던 이유가 뭔가요?
그 비결이 무척 궁금합니다."

아빠가 묻자 털보 관장님이 도서관 바깥의 벽을 가리켰어요.

벽에는 '해돋이 절전소 그래프'가 가득했어요.

"'절전소'의 '절전'은 전기를 아껴 쓰는 걸 뜻해요.

여기에 전기를 생산하는 '발전소'의 의미를 더해서 '절전소'라고 불러요.

전기를 아끼는 건 사용하지 않는 만큼의 전기를 생산하는 것과 같아요.

집집마다 절전형 멀티탭과 고효율 전구(LED)★를 쓰고,

사용하지 않는 가전제품은 다 꺼서 대기 전력★★을 절약해요. 또…….

관장님이 설명했어요.

 ★ 절전형 멀티탭을 사용하면 평균 전기 요금에서 5,000원가량을 절약할 수 있어요.
고효율 전구(LED)는 일반 조명과 비교하면 소비 전력과 수명, 가격이 뛰어나고 친환경적이에요.
★★ 대기 전력은 전기를 먹어 치운다는 의미로 '전기 도둑'이라고도 불러요.
가전제품을 사용하지 않고 플러그를 콘센트에 꽂아 두기만 해도 소모되는 전력을 말해요.

그때였어요. 하얀 소복을 입은 귀신이 나타났어요.

난 보고도 믿지 못했어요.

귀신이 손짓을 하자 아이들이 따라갔어요.

마치 꿈속에 있는 기분이었어요.

내가 멍하니 서 있는데 관장님이 다시 자랑스럽게 말했어요.

"이렇게 절전했더니 해돋이 마을 절전왕의 집은

전기세*가 1만 6,000원밖에 안 나왔어요.

이번 여름은 몹시 더웠는데 말이에요."

★ 에너지관리공단이 조사한 내용에 따르면
4인 가족 기준 월 평균 전력 사용량은 337kWh, 월 평균 요금은 5만 7,000원 수준이에요.

"대단한 분이네요. 저는 그렇게 못하겠던데요.

참, 해돋이 마을에서는 에너지를 직접 생산한다고 들었는데요.

어떻게 시작하게 됐는지 알려 주세요."

아빠가 물었어요.

후쿠시마 원자력 발전소 사고

★ 2011년 3월 11일, 대규모 지진과 해일(지진으로 바닷물이 크게 일어나 육지로 넘쳐 들어오는 것)로 일본 후쿠시마에 위치한 원자력 발전소가 폭발했어요. 국제 원자력 사고 등급 최고 단계인 7등급으로 지금도 계속 방사능 물질이 새어 나오고 있어요. 원자력 발전소의 사고 등급은 가장 안전한 0등급부터 가장 위험한 7등급까지 모두 8단계로 나뉘어요.

★★ 화석 에너지는 땅속에 묻힌 화석에서 나오는 석유, 석탄, 천연가스 등의 물질을 말해요.

"후쿠시마 원자력 발전소 사고*가 계기가 됐어요.

안전한 에너지를 고민하다가 에너지 자립을 시작하게 됐지요.

텃밭 주차장을 보세요. 차는 없고 채소가 자라고 있지요?

해돋이 마을 사람들은 차 대신 자전거를 타거나 대중교통을 이용해요.

그래서 주차장이 텅텅 비게 되었고

그곳에 텃밭을 만든 거예요.

화석 에너지**에서 자립하니까 먹거리도 생겨났어요."

관장님이 어깨를 으쓱했어요.

"오, 에너지 자립에 먹거리도 포함되는군요."

아빠가 놀란 눈으로 말했어요.

"에너지 자립은 함께 나누는 기쁨도 줘요.
우리 마을에서 도서관은 비상 대피소* 역할을 하죠.
사람들은 몹시 춥거나 더울 때 도서관으로 온답니다."
관장님이 대답했어요.

관장님의 설명을 들으면서

주위를 둘러보던 나는 다시 깜짝 놀랐어요.

메두사처럼 생긴 아주머니가 창밖에 서서

나를 뚫어지게 노려보고 있었어요.

빨간 눈과 뱀 머리를 보자 머리가 멍해졌어요.

난 얼른 두 눈을 감았어요.

"민우야, 가자!"

아빠가 날 불렀어요.

내가 눈을 뜨고 창밖을 살펴보니

메두사 아주머니는 이미 사라지고 없었어요.

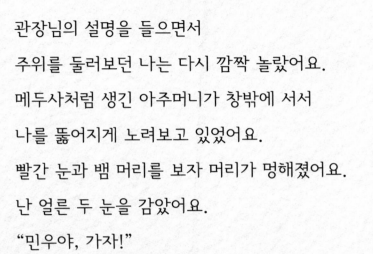

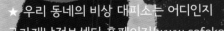 ★ 우리 동네의 비상 대피소는 어디인지
국가재난정보센터 홈페이지(www.safekorea.go.kr)에서 민방위 대피 시설을 찾아봐요.

이야기를 나누던 아빠와 관장님은
에너지 슈퍼마켓 안으로 들어가고,
난 입구에 앉았어요.
기분도 별로고, 재미도 없었어요.

LED

LED

에너지 슈퍼마켓 입구 옆에서는 한 아이가 자전거 발전기*를 타며 활짝 웃고 있었어요.

"넌 뭐가 그렇게 좋아?"

"에너지를 만들어 스마트폰을 충전할 수 있잖아."

난 이해가 가지 않았어요.

"하지만 힘들잖아. 나 같으면 그냥 코드에 꽂겠다. 아, 저절로 뚝딱 생기는 에너지는 없나?"

내 말이 끝나기가 무섭게 관장님이 해를 가리키며 말했어요.

"여기 있네요. 태양 에너지!"

★ 자전거 발전기는 자전거의 페달을 돌려 회전 운동으로 전기를 만드는 기구예요.

"태양 에너지 덕분에 에너지 슈퍼마켓은 전기세가 0원이에요. 짜잔!"

관장님이 전기세 고지서를 들고 자랑했어요.

"0원이라고요?"

아빠가 놀라서 말했어요.

"놀랍죠? 맞아요.

에너지 슈퍼마켓에 설치한 햇빛 처마는 '태양광 발전★'을 위한 거예요.

'태양광 발전'은 빛 에너지를 바로 전기 에너지로 바꿔 주지요."

"그럼, '태양열 발전'은요?"

내가 물었어요.

태양광 발전

★ 태양 전지에 빛을 비추면
음전기(-)와 양전기(+)가 생겨요.
태양광 발전은 이러한 원리를 이용해
전기 에너지를 만들어요.

집열판

태양열 발전

열 교환기

증기 터빈 보일러

태양 에너지를 사용할 때의 단점
처음에 발전 기구를 설치하는 데 비용이 많이 들어요.
밤이나 흐린 날에는 이용하기 힘들어요.
겨울철에는 일사량(태양 에너지가 땅에 닿는 양)이
부족해 발전량이 적어요.

"'태양열 발전'은 열을 모아 저장한 후
터빈★을 돌려 전기 에너지를 생산하는 걸 말해요.
다시 말해서 열에너지가 운동 에너지로 변했다가
다시 전기 에너지로 바뀌는 거예요.
태양 에너지의 장점은 깨끗한 신재생 에너지★★라는 점이지요."
관장님이 말했어요.

★ 터빈은 증기, 가스, 물, 공기가 가진 에너지를 회전 운동으로 바꾸는 장치예요.
★★ 신재생 에너지는 화석 연료와 원자력을 대신하는 무공해 에너지예요.
태양광, 태양열, 풍력, 지열, 바이오매스, 폐기물, 바다의 파도와 조석 간만의 차를 이용한 에너지 등을 말해요.

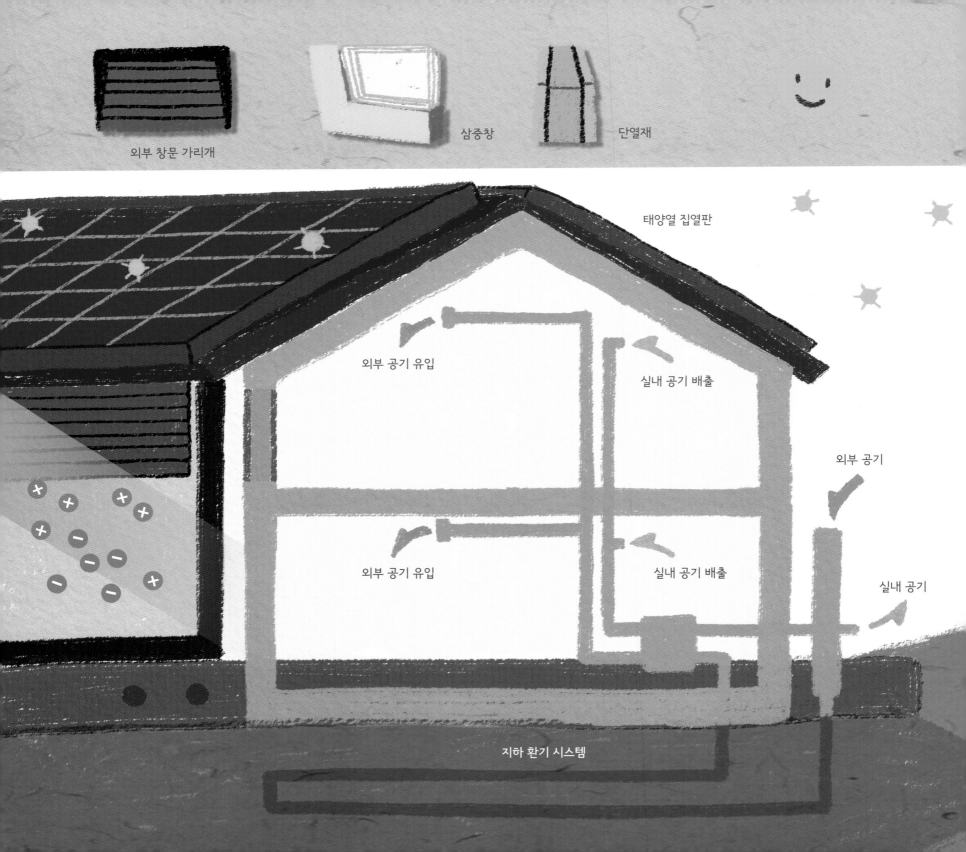

외부 창문 가리개

삼중창

단열재

태양열 집열판

외부 공기 유입

실내 공기 배출

외부 공기

외부 공기 유입

실내 공기 배출

실내 공기

지하 환기 시스템

"맞은편 집은 패시브 하우스★예요. 단열이 잘돼서 난방을 따로 하지 않아요.

태양열과 가전제품의 열, 사람의 몸에서 나오는 온기로만 집을 데워요.

아, 때마침 집주인이 계시네요."

관장님이 집주인에게 손을 흔들었어요.

집주인은 바로 빨간 내복 아저씨였어요.

이상한 사람이라고 생각했는데, 미안한 마음이 들었어요.

"정말 한겨울에도 난방을 하지 않나요?"

아빠가 관장님에게 물었어요.

"네. 집 전체에 단열재를 쓰거든요. 단열재는 일정한 온도를 유지하거나

열을 차단하기 위해 사용하는 재료예요.

그래서 겨울엔 따뜻하고, 여름엔 시원하답니다."

★ 패시브 하우스는 에너지 절약형 주택을 말해요. 우리나라 최초의 패시브 하우스 '살둔 제로에너지하우스'는
석유, 석탄, 가스를 사용하지 않고도 1년 내내 평균 20℃의 온도를 유지해요.

원자력 발전소 반대!!

STOP

"패시브 하우스에서 살면 전기세 걱정은 안 해도 되겠네요.

나중에 태양광 발전기도 설치해서 전기를 실컷 써야겠어요."

아빠가 결심한 듯 말했어요.

"오! 그건 안 돼요. 전기를 과소비하면 에너지를 아무리 생산해도 그 소비량을 감당하지 못해요.

지금 우리나라는 23기의 원자력 발전소를 운영하고 있어요.

원자력 발전소에서 새어 나오는 방사능은 양이 아무리 적어도 큰 환경 파괴와 인명 피해를 일으켜요.

스리마일★, 체르노빌★★, 후쿠시마 원자력 발전소 사고를 보면 알 수 있지요.

원자력 발전소 수명은 30~40년인데, 사용한 핵폐기물 관리에는 30만 년이 걸린다고 해요.

이건 인간 수명을 뛰어넘는 일이에요. 후손들에게도 짐이 되고요."

관장님이 말했어요.

★ 미국 펜실베이니아 스리마일 섬에 있는 스리마일 원자력 발전소에서 1979년 3월 28일에 사고가 났어요.
스리마일 원자력 발전소 사고는 5등급에 이른 사고예요.
★★ 체르노빌 원자력 발전소 사고는 1986년 4월 26일, 옛 소련(지금의 우크라이나)의 체르노빌 원자력 발전소에서 발생한 사고로
최악의 사고 등급인 7등급을 기록했어요. 지금은 방사능이 새는 걸 막기 위해 거대한 지붕을 덮는 작업을 진행 중이에요.
작업은 2017년에 마무리된다고 해요.

"그렇다고 희망이 없는 건 아니에요.

여러 시민들이 햇빛 발전소*를 세우고 있어요.

전기를 생산해서 한국전력이나 일반 기업에 팔기도 하죠**."

관장님이 설명했어요.

하지만, 난 무서웠어요. 어제 갇혔던 어두컴컴한 엘리베이터도 떠올랐어요.

"관장님! 어떻게 하면 안전해져요?

친구들, 선생님들한테 모두 그대로 따르라고 할게요."

아파트 베란다

햇빛 처마

★ 다양한 협동조합에서 햇빛 발전소를 만들고 있어요.
협동조합이란 여러 시민이 힘을 합쳐 만든 단체를 말해요.
시민들이 소중하게 모은 돈으로 햇빛 발전소에 필요한 시설을 마련해요.
★★ 햇빛 발전소에서 생산한 전기를 팔 때는 '신재생 에너지 공급 인증서'가 필요해요.
이 인증서는 올바른 방법으로 전기를 생산하고 공급한다는 걸 국가가 증명하는 문서예요.

"좋아요. 알려 줄게요.

첫째, 집집마다 매달 10~20%의 에너지를 아끼는 거예요.

그러면 원자력 발전소 하나를 줄일 수 있어요★★.

둘째, 집에 햇빛 발전소를 세우는 거예요.

서울시에서 '베란다 미니 태양광 발전소 사업'을 하는데★★,

태양광 전지판을 설치하면 전기세를 한 달에 1만 3,000원 정도 절약할 수 있어요.

이 돈을 1년 동안 모으면 15만 6,000원이 되는 거예요."

관장님이 말했어요.

주차장 지붕

옥상

★★ '서울시 원전하나줄이기' 홈페이지(energy.seoul.go.kr)에 가면
소비 전력 상황과 전기세 계산, 절약 방법 등을 볼 수 있어요.
★★ 서울시는 '원전하나줄이기'를 위한 방법으로 '베란다 미니 태양광' 설치 사업을 진행해요.
태양광 전지판을 설치하면 하루 2~3시간 동안 생산된 전기를 플러그를 통해 사용할 수 있어요.

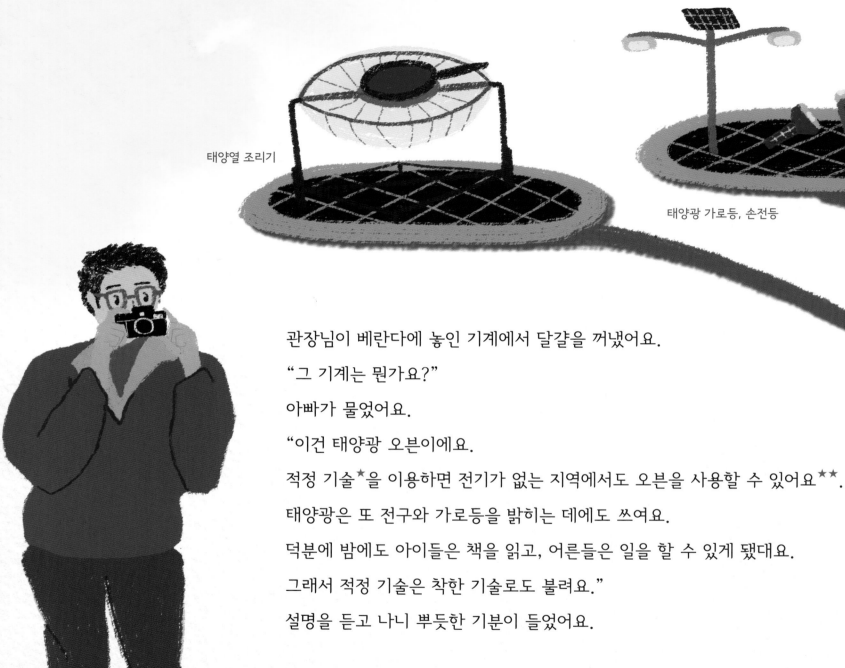

태양열 조리기

태양광 가로등, 손전등

관장님이 베란다에 놓인 기계에서 달걀을 꺼냈어요.

"그 기계는 뭔가요?"

아빠가 물었어요.

"이건 태양광 오븐이에요.

적정 기술★을 이용하면 전기가 없는 지역에서도 오븐을 사용할 수 있어요★★.

태양광은 또 전구와 가로등을 밝히는 데에도 쓰여요.

덕분에 밤에도 아이들은 책을 읽고, 어른들은 일을 할 수 있게 됐대요.

그래서 적정 기술은 착한 기술로도 불려요."

설명을 듣고 나니 뿌듯한 기분이 들었어요.

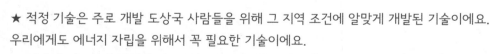

★ 적정 기술은 주로 개발 도상국 사람들을 위해 그 지역 조건에 알맞게 개발된 기술이에요.
우리에게도 에너지 자립을 위해서 꼭 필요한 기술이에요.
★★ 인도 티루파티 사원에 있는 '태양열 조리기'는 한 번에 1만 명이 먹을 식사를 준비할 수 있어
기네스북에도 올라 있어요.

태양광 페트병 전구

태양광 오븐

햇빛 건조기

적정 기술의 단점

도시에서는 이미 음식을 조리하는 환경과 기구 등이 편리해 적정 기술을 쓰기에 오히려 불편한 점이 있어요. 또, 적정 기술을 사용하는 제품은 자연 에너지를 이용해야 하고, 고장이 나면 스스로 고쳐야 하며, 쉽게 사기가 어려워요.

"혹시 사막 딱정벌레★를 알아요? 사막 딱정벌레를 보고 만든 '안개 수확기'라는 제품이 있어요.

새벽안개가 그물에 맺혀서 밑으로 떨어지는 원리로 물을 모으는 거예요."

관장님이 말했어요.

"와, 그런 것도 있어요? 신기해요."

내가 흥분해서 말했어요.

"물과 관련한 적정 기술로 가장 대표적인 것을 소개해 볼게요.

'슈퍼 머니 메이커 펌프'는 우리말로 '돈벌이가 되는 펌프'인데,

물을 농작물에 대 주고 채소를 키우도록 해서 붙여진 이름이에요.

이 제품 덕분에 아프리카에서는 66만 명이 넘는 사람들이 가난에서 벗어났대요.

하지만, '플레이 펌프★★'처럼 불편해서 방치되는 일도 있어요.

이 밖에도 더러운 물을 깨끗하게 하는 '정수기'와

메고 다니는 수고를 덜어 준 굴리는 물통 'Q 드럼' 등이 있어요."

안개 수확기

★ 아프리카 나미비아에 사는 사막 딱정벌레의 몸은 공기보다 차가워요.
사막 딱정벌레는 바람에 날려 온 물이 딱딱한 등에 맺히면 몸을 기울여 그 물을 마셔요.
★★ 플레이 펌프는 적정 기술의 실패 사례로 꼽혀요.
아이들이 손잡이를 잡고 뛰어놀면 지하에 있는 물이 모여요.
하지만 더운 지역에 사는 아프리카 아이들은 이 놀이를 좋아하지 않았어요.
손잡이 무게도 무겁고, 고장도 자주 나는 흠이 있기 때문이에요.

라이프 스트로우
정수기

Q 드럼

슈퍼 머니 메이커 펌프

정수기

해돋이 마을 에너지 축제

"적정 기술이 많으면 에너지 자립은 빨라지겠네요."

아빠가 웃으며 말했어요.

"맞아요. 하지만 기술만으로는 안 돼요. 에너지 지킴이가 필요하죠!

민우는 오늘 특이한 사람들을 보고 많이 놀랐죠?

오늘은 마을 에너지 축제가 열리는 날이라서 그래요.

미리 말해 주지 못해서 미안해요."

관장님이 바깥문을 활짝 열었어요.

바깥에선 귀신 아주머니가 그림을 그리고,

메두사 아주머니와 빨간 내복 아저씨가 여러 물건을 팔고 있었어요.

"헉, 귀신이 아니었어."

난 매우 놀랐어요.

"이제야 이해가 되네요. 마을에 괴짜가 많은 줄 알았더니 아니었어요.

제 외국인 친구에게 여기를 알려 주면 아마 깜짝 놀랄 거예요.

그러고 보니 외국의 에너지 자립 상황도 궁금해지네요."

아빠가 말했어요.

"오! 말씀 잘하셨어요. 첫 번째로 소개할 곳은 '오스트리아의 무레크 마을'이에요.

유채꽃으로 바이오 디젤★을 만들고, 돼지 똥에서 빼낸 바이오 가스★★로 전기도 생산해요.

두 번째로 소개할 곳은 '영국의 에너지 전환 마을 토트네스'에요.

토트네스는 에너지 생산뿐 아니라 따뜻한 집 만들기, 주차장 텃밭 바꾸기, 자전거 길 만들기,

씨앗 교환, 텃밭 짝짓기★★, 텃밭 산책, 공공장소에 유실수 심기 운동을 해요.

또, '토트네스 화폐'를 유통하고 먹거리, 경제, 문화의 변화까지 준비한대요."

관장님이 설명했어요.

★ 바이오 디젤은 폐식용유와 같은 식물성 기름이나 동물성 기름으로 만든 무공해 연료예요.
★★ 바이오 가스는 가축의 배설물을 미생물로 분해해 얻은 가스(메탄가스)를 말해요.
★★ 텃밭 짝짓기는 정원을 안 쓰는 사람과 텃밭을 가꾸고 싶지만 장소가 없는 사람을 이어 주는 행사예요.

"와, 우리는 언제쯤 그렇게 될까요?"

아빠가 말했어요.

"이제부터 차근차근하면 돼요. 민우도 잘할 수 있죠?"

"네!"

내가 힘차게 대답했어요.

우리나라의 에너지 자립마을
시골형 에너지 자립마을로는 전라북도 임실군에 있는 임실 중금마을, 전라북도 완주군에 있는 덕암 에너지 자립마을 등이 있어요.
시골에서는 메탄가스, 나무, 옥수수대, 목재 가루 등의 에너지 재료를 쉽게 구할 수 있어요.
도시형 에너지 자립마을로는 서울에 있는 성대골 에너지 자립마을, 새재미 마을, 십자성 에너지 자립마을 등이 있죠.
도시에서의 친환경 난방은 어려움이 많아요. 대신 함께 나눔으로 에너지를 아낄 수 있어요.

"에너지 지킴이가 사는 곳! 성대골 에너지 자립마을"

《에너지를 뚝딱뚝딱 해돋이 마을》에 등장하는 '해돋이 마을'은
서울 동작구에 있는 '성대골 에너지 자립마을'의 이야기를 바탕으로 만들었어요.

1. 성대골은 어디에 있나요?

성대골은 서울 동작구 상도 3동과 4동에 걸쳐 자리 잡고 있어요.

서울 지하철 7호선 신대방삼거리역에 근처에 있는 성대시장 입구에서 국사봉 골짜기 일대예요.

2. 성대골에는 에너지 지킴이가 많나요?

성대골에서는 2만 2천여 가구들이 절전 운동에 참여해요.

다른 지역보다 20% 정도 전기를 안 쓴대요. 가게들도 '착한 가게'표시를 달고 에너지를 절약해요.

아이들은 '에너지 진단사'가 돼서 친구네 집에 절약 처방전을 주고요.

이렇게 에너지 절약에 앞장서는 성대골 사람들 모두가 에너지 지킴이라고 할 수 있어요.

3. 성대골의 꿈은?

성대골은 전력 회사를 만들 계획을 세우고 있어요.

햇빛 발전소와 풍력 발전소를 세워서 전기를 판매하고 일자리도 나눠 주고요.

에너지 슈퍼마켓에서 파는 1만 원짜리 '태양광 전지'를 사면

햇빛 발전소를 지을 수 있는 기초가 마련된대요.

4. 성대골의 적정 기술은?

'해!바라기카'는 태양광으로 움직이는 자동차예요. 성대골 바깥에서도 인기예요.

부르는 곳이 어디든 달려가지요. 이 밖에도 겨울을 따뜻하게 해 주는 태양열 온풍기와

화목 난로, 태양광 오븐, 햇빛 건조기, 햇빛 처마, 자전거 발전기 등이 있어요.

성대골 에너지 자립마을에서는 에너지 자립을 위한 방법으로

포켓 스토브도 만들어 사용해요.

우리도 부모님 또는 선생님과 함께 만들어 볼까요?

〈포켓 스토브 만들기〉

재료: 알루미늄 캔 2개, 책 2권(두꺼운 책, 얇은 책), 유성 펜, 칼, 가위,
드릴, 사포, 순간접착제, 못, 망치, 솜, 알코올, 동전.
※ 준비가 다 됐다면 부모님 혹은 선생님과 함께 만들어 보세요.

1. 빈 캔 2개를 깨끗이 씻어 준비해요.

2. 책 2권 옆에 빈 캔을 각각 놓고 유성 펜을 이용해 캔에 선을 그려요.
   그다음 칼이나 가위로 선을 따라 칼집을 내서 잘라요.

3. 캔의 잘린 면과 페인트를 사포로 깨끗이 긁어요. 페인트가 남으면 열 때문에 녹아내려요.

4. 높이가 낮은 캔의 잘린 면 윗부분을 가위로 조금 오려서 구부려요.
   그리고 솜을 캔 안에 넣고 나머지 캔과 맞붙여요. 그런 다음 순간접착제로 떨어지지 않게 잘 붙여요.

5. 드릴로 캔의 윗면 한가운데에 구멍을 뚫어요. 그리고 캔에 못을 대고 동그랗게 돌아가며 구멍을 뚫어요.
   가운데 구멍에 알코올을 붓고 동전으로 덮어요. 동전은 알코올이 날아가는 것을 막아 줘요.

6. 캔에서 조금 떨어진 곳에서 불을 붙이고, 냄비를 올리면 돼요!

★ 드릴은 끝에 송곳과 같은 날을 달아 목재나 금속판에 구멍을 뚫는 공구예요.
★★ 사포는 물체의 겉면을 갈아 부드럽게 하는 데에 쓰는 천이나 종이에요.
★★★ 알코올은 투명한 액체로 불이 잘 붙는 물질이에요.